AF371058

LE CONGRÈS INTERNATIONAL

DES

CHEMINS DE FER

(2ᵉ Session)

MILAN — 1887

COMPTE RENDU PRÉSENTÉ A LA SOCIÉTÉ DES INGÉNIEURS CIVILS

Dans la Séance du 4 Novembre 1887

PAR

M. G. CERBELAUD

INGÉNIEUR DES ARTS ET MANUFACTURES

INSPECTEUR DU MOUVEMENT DES CHEMINS DE FER DE CEINTURE DE PARIS

DÉLÉGUÉ AU CONGRÈS DE MILAN

(EXTRAIT DES MÉMOIRES DE LA SOCIÉTÉ DES INGÉNIEURS CIVILS)

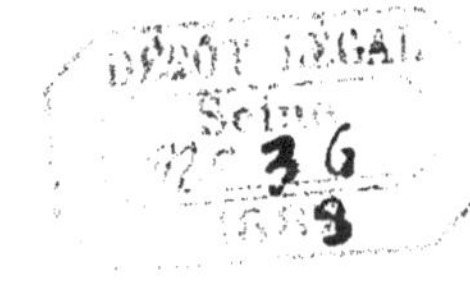

PARIS

IMPRIMERIE ET LIBRAIRIE CENTRALES DES CHEMINS DE FER

IMPRIMERIE CHAIX

SOCIÉTÉ ANONYME AU CAPITAL DE SIX MILLIONS

Rue Bergère, 20

1887

TABLE DES QUESTIONS

Traitées par le Congrès de Milan (1887)

---

(1) Voir aussi l'*Annexe* I, page 23.

LE CONGRÈS INTERNATIONAL DES CHEMINS DE FER

(2ᵉ SESSION)

MILAN - 1887

PAR

M. G. CERBELAUD

INGÉNIEUR, INSPECTEUR DU MOUVEMENT DES CHEMINS DE FER DE CEINTURE DE PARIS

Le Congrès international des chemins de fer, qui avait tenu sa première session à Bruxelles en 1885, s'est réuni de nouveau cette année, à Milan, le 17 septembre dernier.

Je n'ai pas la prétention, Messieurs, de vous présenter un compte rendu détaillé de ce Congrès, ce qui m'entraînerait hors des limites assignées d'ordinaire à nos communications ; je me bornerai à résumer, le plus brièvement possible, les avis émis par les diverses sections sur les trente-deux questions qui leur étaient soumises, en insistant plus particulièrement sur ce qui a trait à la 3ᵉ section (*Exploitation*) dont j'avais l'honneur de faire partie.

Les lacunes que présentera forcément ce travail seront facilement comblées par ceux de nos collègues qui assistaient au Congrès, et, en attendant le *compte rendu officiel*, je renverrai ceux qui désireraient des détails plus complets sur telle ou telle question, aux articles déjà publiés, à ce sujet, par plusieurs journaux spéciaux (1).

Je ne m'étendrai pas non plus sur le côté... *attrayant* du programme, mais je ne puis m'empêcher de vous dire combien nous avons été fêtés, et par le Gouvernement italien, et par les Municipalités, et par les Administrations de chemins de fer et de navigation. Du reste, un pays qui reçoit ses visiteurs dans une ville comme Milan et qui peut leur offrir des excursions à Venise, à Gênes, au lac de Côme, a déjà sa tâche singulièrement facilitée. Je me hâte d'ajouter qu'il a su magnifiquement la remplir. Les correspondances des journaux parisiens, — entre autres celle du *Temps*, attribuée à l'un

---

(1) *Génie civil* des 24 septembre, 1ᵉʳ et 8 octobre 1887. Compte rendu par M. Cossmann membre de la Société.
Revue générale des chemins de fer, numéro de septembre 1887.
Moniteur des intérêts matériels (Bruxelles, numéros des 2, 6, 23 et 30 octobre 1887.

de nos plus sympathiques collègues, — vous ont déjà retracé fidèlement cette succession de fêtes et de banquets, et vous ont dit que la délégation française avait été particulièrement l'objet des attentions les plus flatteuses. Ceux d'entre nous qui ont pris part au voyage de la Société en Belgique, il y a deux ans, peuvent d'ailleurs, se faire une idée exacte de l'accueil que les délégués au Congrès ont reçu en Italie, cette année.

En 1885, le Congrès de Bruxelles avait donc décidé que la deuxième session s'ouvrirait à Milan, cette année, et, pour préparer le programme et faciliter l'étude des questions à soumettre à cette nouvelle réunion, il avait délégué ses pouvoirs à une *Commission internationale* permanente (1). Cette Commission est entrée en relation avec les Administrations adhérentes, et 186 Administrations (Gouvernements et Compagnies de chemins de fer) représentant 28 contrées et un ensemble d'environ 160 000 kilomètres de chemins de fer, ont répondu à son appel et ont nommé 372 délégués pour les représenter à Milan (2).

Le samedi 17 septembre, la session a été ouverte dans le foyer du théâtre de la Scala, sous la présidence de *S. Ex. M. Saracco*, ministre des travaux publics d'Italie. Dans un excellent discours, il a souhaité la bienvenue aux délégués et remercié la Commission internationale du choix fait, par le précédent Congrès, de la ville de Milan comme siège de la deuxième session. Il a fait ressortir combien l'Italie est fière d'avoir été la première à pratiquer ces grands percements de montagnes, qui sont comme le trait d'union des peuples civilisés et a invité le Congrès à donner à ses travaux des solutions pratiques dont l'Italie sera heureuse de s'inspirer.

M. Fassiaux, délégué du gouvernement belge et président de la Commission internationale, a répondu au ministre; puis le Congrès a procédé à l'élection de son bureau. *M. le sénateur Brioschi*, premier délégué italien, a été nommé président. La vice-présidence,

(1) La Commission internationale publie un recueil mensuel, sous le titre de : *Bulletin de la Commission internationale du Congrès des chemins de fer* (Bruxelles. — Weissenbruch, éditeur) : elle y insère les comptes rendus officiels des Congrès et les rapports qui lui parviennent sur les questions à l'étude.

Voir à *l'annexe* II la composition de la *Commission internationale* nommée par le Congrès de Milan.

(2) Pays représentés au Congrès de Milan :

Allemagne, Argentine (République), Autriche-Hongrie, Belgique, Brésil, Bulgarie, Chili, Danemark, Egypte, Espagne, Etats-Unis d'Amérique. France et Algérie (et Colonies), Grande-Bretagne et Irlande (et Colonies), Grèce, Italie, Japon, Luxembourg, Mexique, Pays-Bas (et Colonies), Pérou, Portugal, Roumanie, Russie, Serbie, Suède et Norwège, Suisse, Tunisie, Turquie.

réservée à la France, a été dévolue à *M. Léon Say*, représentant la Compagnie du Nord (1).

Aussitôt après, les membres du Congrès se sont rendus dans les locaux de leurs sections respectives, afin d'y nommer leurs présidents et secrétaires de section et de commencer l'examen des questions soumises à leurs délibérations (2).

Nous allons indiquer les avis émis sur chacune d'elles par les sections et adoptés par le Congrès dans les séances plénières. Nous suivrons, pour cela, l'ordre établi par le programme officiel.

Question Ire.

Dispositions statutaires et réglementaires. — (Voir ci-après, à l'*annexe* I, le texte des statuts et du règlement adoptés.)

Première Section. — Voies et Travaux.

Président : M. Lommel, membre de la direction du chemin de fer Jura-Berne-Lucerne *(Suisse).*

Secrétaire principal : M. Barsanti, ingénieur des chemins de fer de l'Adriatique *(Italie).*

Question II.

Traverses métalliques. — Quelles conclusions peut-on tirer, au double point de vue économique et technique, des derniers résultats obtenus dans l'emploi des traverses métalliques ?

(1) *M. Lax,* directeur des chemins de fer au ministère des travaux publics, délégué du gouvernement français, ayant été d'abord nommé vice-président, a prié le Congrès de reporter cet honneur sur *M. Léon Say,* l'homme d'Etat éminent, l'ancien ministre, l'ancien président du Sénat. Le Congrès a accueilli cette demande par des acclamations unanimes. Le bureau du Congrès s'est trouvé, par suite, composé de la manière suivante :

Président : M. le commandeur *F. Brioschi,* sénateur, délégué du gouvernement italien ;

Vice-présidents : M. *B. de Boros,* député au Parlement hongrois, — M. *G. de Winberg,* conseillé privé de Russie, président du Conseil du chemin de fer de Moscou à Brest ; — M. *Hutchinson,* major général du génie, inspecteur des chemins de fer, délégué du gouvernement anglais ; — M. *Léon Say,* vice-président de la Compagnie du Nord ; — M. *Van Hasselt,* administrateur des chemins de fer hollandais ; — M. le Dr *Zehelner,* conseiller de régence I et R, conseiller de direction générale des chemins de fer de l'Etat autrichien.

Secrétaire général : M. *Aug. de Laveleye,* ingénieur.

Secrétaires pour la partie administrative : MM. *Eug. Kesteloot,* chef de division au ministère des chemins de fer, postes et télégraphes de Belgique, et *E. Holemans,* chef de bureau au même ministère.

Secrétaire pour la partie technique : M. *L. Weissenbruch,* ingénieur au ministère des chemins de fer, etc., de Belgique.

(2) L'ordre du travail du Congrès avait été réglé de la manière suivante :

Le matin, séance des sections à l'*Institut polytechnique* (Etude des diverses questions, lecture du rapport des secrétaires de section, discussion, avis de la section.

L'après-midi, séance plénière à la *Scala* (Compte rendu des travaux de la matinée par les présidents ou les secrétaires de section, discussion générale.

Tous les membres du Congrès avaient d'ailleurs reçu, à leur arrivée à Milan, la collection des *rapports* faits sur chaque question par les secrétaires-rapporteurs nommés par la Commission internationale.

Le rapporteur de cette question, notre collègue, M. Kowalski, ingénieur de la Compagnie de Bône-Guelma, ne conclut pas d'une manière absolue en faveur des traverses métalliques comparées aux traverses en bois ; toutefois, et la section se range à cet avis, on constate depuis le dernier Congrès, une augmentation dans l'emploi des traverses métalliques. Au point de vue du prix d'achat et de la durée, c'est une question d'espèce qui dépend des circonstances locales et de la situation du marché métallurgique (1).

Quant aux frais d'entretien, la question reste à résoudre pour les lignes à grand trafic ; pour les lignes à trafic moyen et vitesse réduite, l'opinion de la majorité est que la traverse métallique est avantageuse, surtout une fois que la voie est bien assise.

Enfin, pour ce qui concerne les traverses dérivées de la forme Vautherin (en auge renversée), il paraît établi que l'usage d'un métal homogène est désirable.

Question III.

Ponts métalliques. — Quels sont les résultats obtenus par l'emploi de l'acier dans la construction des ponts métalliques, et quelle extension peut-on donner à l'usage de ce métal dans ce genre de construction ?

A cette question, la section a répondu d'une manière particulièrement nette, en proclamant : qu'il est incontestable que l'acier doux (*Flusseisen*) constitue, pour la construction des ponts, un métal notablement supérieur au fer. L'emploi de l'acier est spécialement recommandé pour les ouvrages de grande ouverture. La métallurgie peut le livrer aujourd'hui dans des conditions de prix peu différentes de celles du fer ; il y a néanmoins des précautions à prendre dans sa fabrication et son emploi, surtout dans les pays froids.

Question IV.

Entretien des voies. — Quel est le meilleur système d'entretien des voies au point de vue de l'économie et de la sécurité (affermage, primes au personnel, personnel auxiliaire, emploi exceptionnel d'ouvriers à la journée) ?

Le rapporteur, M. Piéron, ingénieur en chef des ponts et chaus-

(1) Il y a lieu de noter que cet avis est conforme à l'opinion émise, à diverses reprises devant la Société, principalement par notre honorable vice-président, M. Contamin.

sées, attaché à la Compagnie du Nord, a fait de cette question de
la réduction des frais d'entretien une application des plus judi-
cieuses dans le service important qu'il dirige à Lille ; aussi la section a-t-elle rendu hommage à la compétence spéciale de son rapporteur, en adoptant sur sa proposition les conclusions suivantes :

1° Le système d'affermage, ou de forfait proprement dit, est à
rejeter de la manière la plus absolue, comme étant inconciliable
avec la sécurité; toutefois, il est désirable de substituer, autant que
possible, le travail à la tâche au travail à la journée ; — 2° on doit
désirer de voir s'étendre le système des passages à niveau non gar-
dés ; — 3° on peut diminuer beaucoup les frais de surveillance de
la voie, en chargeant de ce soin les hommes des équipes d'entretien
et on a constaté qu'il y a une tendance générale à réduire le nombre
des tournées.

Question V.

Mesures contre les neiges. — Quelles sont les mesures à prendre
pour éviter les encombrements des voies par les neiges, et quels sont
les systèmes les plus efficaces et les plus économiques pour le dé-
blayage des voies (paraneige, chasse-neige, wagons brise-glace, recrutement des ouvriers à affecter temporairement à ce service) ?

La section, très divisée sur les moyens à adopter, se borne à re-
commander de tenir le plus grand compte de cette considération dans
l'établissement des lignes exposées à être encombrées.

Question VI.

Voies très fatiguées. — Quelle est l'influence des conditions d'établissement des voies ferrées à grande circulation sur les dépenses
d'entretien, tant de la voie elle-même que du matériel roulant ?

On recommande, dans le but de réduire les dépenses d'entretien,
de construire solidement la voie, en rails robustes, bien attachés, sur
bonnes traverses en bois ayant une large surface d'appui et un excellent ballast, et enfin d'assainir la plate-forme en assurant convenablement l'écoulement des eaux. La majorité est d'avis que, pour les voies
Vignole, il y a avantage à intercaler, entre le rail et la traverse, des
platines métalliques.

Deuxième Section. — Traction et Matériel.

Président : M. Belpaire, administrateur des chemins de fer de l'État belge.

Secrétaire principal : M. Bandérali, ingénieur de la Compagnie du Nord.

Question VII.

Roulement des mécaniciens. — Roulement du personnel des mécaniciens, notamment au point de vue :

a. — D'une meilleure utilisation des machines;

b. — D'une juste distribution du travail en tenant compte des différentes saisons, de la complexité du service et des conditions hygiéniques des zones parcourues.

Cette importante question, rapportée par notre honorable collègue M. Bandérali, a soulevé un débat très étendu où les partisans de *l'équipe unique*, de la *double équipe* et du *roulement banal* ont fait valoir des arguments importants en faveur de ces divers systèmes.

Le *roulement banal* appliqué surtout aux Etats-Unis et dans lequel une même machine est conduite successivement par plusieurs équipes de machinistes alternant dans un ordre déterminé, fait ressortir une diminution dans l'effectif moteur de 25 0 0 environ; de plus, il amène une durée moindre des machines, tout en augmentant leur utilisation, et permet par suite de les renouveler plus souvent en profitant des progrès récents. Quoi qu'il en soit, le régime de *l'équipe unique*, appliqué généralement chez nous, présente d'autres avantages et la section a été d'avis que le système banal, dont l'application n'entraîne pas une augmentation de personnel, peut convenir à certains cas particuliers d'exploitation; mais, dans chaque cas, l'application doit être soigneusement préparée, justifiée par une étude préalable et scrupuleusement surveillée.

D'un autre côté, les recherches en vue d'améliorer l'utilisation des machines ne doivent jamais faire perdre de vue le bien-être du personnel.

Question VIII.

Matériel à voyageurs. — Examen et discussion des conditions de construction et de montage du matériel à voyageurs, notamment au point de vue :

a. — De l'utilité d'équilibrer les roues ;

b. — De la suspension ;

c. — Des limites dans lesquelles il est utile de réduire le poids des voitures et des moyens les plus pratiques pour arriver à ce résultat.

Le rapport très détaillé fait ressortir qu'il convient d'équilibrer les roues, et que les roues à centre plein ont donné, à ce sujet, d'excellents résultats ; que pour adoucir la suspension, on emploie avec succès des matières élastiques interposées entre la caisse et le châssis ; qu'enfin il est utile de diminuer le plus possible le poids mort sans nuire au confortable, et que, par contre, si ce confortable amène une exagération du poids des véhicules, il est juste qu'une augmentation du prix des places en soit la conséquence.

Question IX.

Locomotives. — Quelles sont les meilleures conditions de construction des locomotives, notamment au point de vue :

A. — 1° De l'influence de la suspension sur les dépenses d'entretien ;

2° De l'application du principe compound ;

3° De la nature du métal à employer pour les chaudières, les tubes à fumée, les entretoises, etc. ;

4° De l'emploi du jet d'eau ou de vapeur pour augmenter l'adhérence des roues de la locomotive sur les rails.

B. — Jusqu'à quelle limite convient-il d'exécuter dans les dépôts les réparations des locomotives ?

La première partie de cette question, très bien rapportée par M. le Chev. Cervini, ingénieur du réseau de la Méditerranée (Italie), n'a pu aboutir qu'à un échange d'observations ; on a constaté que l'application des balanciers de suspension donne de bons résultats, que le système compound permet de réaliser des économies de combustible ; quant à la nature du métal à employer pour les chaudières, on attend avant de se prononcer que l'expérience ait été poursuivie plus longtemps sur le mode de travail des tôles d'acier. On en reparlera au prochain Congrès.

On a donné la préférence à l'emploi de l'eau chaude, projetée sur les rails pour augmenter l'adhérence des roues des locomotives et l'on a condamné l'usage du sable dont les inconvénients sont bien constatés.

Enfin, une règle fixe ne saurait être posée pour la limite des réparations à exécuter dans les dépôts. En pratique, les dépôts, sauf des cas exceptionnels, doivent se borner aux *réparations dites d'entretien courant*.

Question X.

Graissage. — Quel est le meilleur mode de graissage et le meilleur système de boîtes à graisse?

On a constaté que l'emploi des huiles animales, végétales ou minérales, ou mieux des mélanges de ces huiles est d'un usage presque général aujourd'hui et donne au point de vue de la régularité de l'exploitation des résultats autrement satisfaisants que ceux obtenus avec les anciennes formules de graisse. Pour les coussinets, on préconise l'usage d'alliages spéciaux (métal blanc, etc.), diminuant beaucoup les risques de chauffage en route, pour les voitures à long trajet. Il est à désirer que les expériences en cours pour le remplacement des anciennes boîtes en fonte très cassantes par des boîtes en fer forgé étampé ou même en acier coulé, soient continuées. Enfin les soins d'entretien à donner aux boîtes doivent être faciles, mais les levages le plus rares possible.

Question XI.

Primes. — Quel est le meilleur système de primes employé pour la réparation du matériel roulant et pour le service des locomotives ?

Sur le rapport de M. Solacroup, Ingénieur en chef adjoint de la Compagnie d'Orléans, la section a conclu que le meilleur système consiste à rétribuer les agents au moyen d'une partie fixe qui assure convenablement leurs moyens d'existence, et d'une partie variable proportionnelle au travail personnel et aux efforts de chacun pour faire un service à la fois satisfaisant pour le public et économique pour les administrations. D'où l'utilité des primes d'économie de combustible, de graissage, de régularité de marche, etc.

Question XII.

Freins continus. — Quelles conclusions peut-on tirer, au double point de vue économique et technique, des derniers résultats obtenus par l'emploi des freins continus automatiques ou non (trains de voyageurs et trains de marchandises)?

On a restreint l'examen de cette question aux faits nouveaux qui se sont produits dans l'usage des freins continus, depuis le dernier Congrès. Pour l'accouplement, en attendant qu'un système vraiment pratique et économique de jonction en métal ait été proposé, on doit rechercher à améliorer la qualité des accouplements en caoutchouc pour rendre les ruptures moins fréquentes. On doit étudier aussi les causes de rupture des réservoirs à air comprimé qui se sont produites depuis quelque temps. Enfin l'application des freins continus aux trains de marchandises, tentée aux Etats-Unis, paraît au moins prématurée sur le Continent, en raison du système d'exploitation.

Question XIII.

Eclairage et chauffage des trains. — Quels sont les résultats obtenus par les nouveaux modes d'éclairage et de chauffage des trains?

a. Eclairage. — Les anciennes lampes à bec plat sont généralement condamnées; les nouvelles lampes à huile végétale, à bec rond et cheminée en verre, donnent de bons résultats, mais sont d'un entretien délicat; l'huile minérale peut être substituée avantageusement à l'huile végétale. — Le gaz riche comprimé donne toute satisfaction, mais il a l'inconvénient d'augmenter le poids mort et d'exiger des accouplements supplémentaires ou des réservoirs à chaque voiture; de plus il offre des difficultés d'alimentation à cause du roulement des véhicules qui doivent être renvoyés, en temps utile, aux gares pourvues de réservoirs fixes, ou bien il oblige à multiplier les wagons-réservoirs, etc.

On a indiqué des essais faits pour éclairer avec du gaz ordinaire *enrichi;* enfin, on poursuit les essais d'éclairage électrique qui ne deviendront pratiques que lorsqu'on aura résolu le problème de la production de l'électricité à bon marché.

b. Chauffage. — A ce sujet, les avis sont différents, à cause de la diversité des climats et des convenances variées du public. Dans nos contrées tempérées, l'usage de la chaufferette est généralement reconnu le système le plus pratique eu égard à la disposition des voitures; on a obtenu une notable amélioration de ce procédé de chauffage par l'emploi des chaufferettes à l'acétate de soude, qui durent beaucoup plus longtemps et épargnent aux voyageurs les ennuis du renouvellement en route.

TROISIÈME SECTION. — EXPLOITATION.

Président : M. *Daragane,* ingénieur, chef de l'exploitation de la ligne Nicolas (*Russie*);

Secrétaire principal : M. A. *Jacqmin,* inspecteur général de l'exploitation des chemins de fer de l'Est *(France).*

Question XIV.

Contrôle des voyageurs. — Quels sont les moyens les plus efficaces pour assurer le contrôle des voyageurs ?

Le contrôle peut s'exercer de deux manières : dans les trains et dans les gares. Le premier est assurément le plus sûr, mais le contrôle en route n'est réellement pratique que sur les lignes où l'on emploie le matériel à couloir permettant la circulation facile et permanente des agents; il est plus économique, mais il oblige à exercer une surveillance très sévère sur le personnel. Pour répondre à tous les cas qui peuvent se présenter, la section préconise : 1° le contrôle des billets dans les gares, au départ et à l'arrivée (1); 2° dans les voitures avant le départ des trains et pendant la marche ; 3° des contrôles extraordinaires exercés par des agents spéciaux absolument sûrs et contrôlant ainsi, en même temps, les conducteurs de trains; 4° enfin, le contrôle avant l'entrée des grandes gares par le retrait des billets aux quais dits de contrôle.

Comme sanction du contrôle, on recommande la perception d'une *surtaxe* sur les voyageurs trouvés porteurs de billets insuffisants comme classe ou comme parcours.

Question XV.

Trains de voyageurs. — Quelles sont les conditions les plus favorables d'organisation des trains de voyageurs sur les lignes de premier ordre (division rationnelle des trains en catégories ; nombre de classes de voitures à adopter dans chacune d'elles) ?

La question a paru bien vague en ce qui concerne le classement à adopter pour les trains de voyageurs, et qui dépend, en effet, pour chaque réseau, d'une foule d'éléments divers, tels que la longueur des lignes, les distances des centres à desservir, la direction des courants commerciaux, leur importance, etc.

(1) Il y a lieu de noter que les nouvelles dispositions administratives qui donnent en France l'accès libre des quais au public, s'opposent, dans la plupart des cas, à l'exercice du contrôle *au départ.*

Sur le point spécial de l'admission des voyageurs de 3° classe dans les trains express, une discussion très intéressante s'est engagée, et la section s'est rangée à l'opinion développée, avec beaucoup de talent, par M. Picard, chef de l'exploitation de la Compagnie P.-L-M.: « qu'il y a lieu d'admettre au bénéfice de la grande vitesse le voyageur payant le moins », et cela dans des conditions déterminées. Il faut, par exemple, que la distance à parcourir soit assez longue pour que ce bénéfice de la vitesse soit sensible pour le voyageur de 3° classe, tout en conservant au train son caractère d'express et, par conséquent, en ne l'encombrant pas avec des voyageurs de 3° classe n'ayant à effectuer que de faibles trajets. Un minimum de 200 kilomètres de parcours paraît être le chiffre à adopter pour l'admission des voyageurs de 3° classe dans les express. La diminution de recette qui se produit de ce fait par suite du passage en 3° d'un certain nombre de voyageurs de 2° classe, est compensé sur certaines lignes par l'accroissement de circulation; toutefois, cette partie de la question ne peut encore être tranchée d'une manière définitive. — On a noté enfin la tendance qui se manifeste en Angleterre pour la suppression de la 2° classe, la 1° et la 3° semblant suffisantes aux besoins du public.

Question XVI.

Mouvement des marchandises. — *a.* — Quelles sont les conditions les plus favorables d'organisation du service des marchandises?

b. — Quelles sont les mesures les plus propres à diminuer les frais que comporte le transport de charges incomplètes?

La question comprend deux parties distinctes : transport des *wagons complets*, transport des *charges incomplètes*, au double point de vue de la rapidité et de l'économie. M. Picard a également fourni d'intéressants renseignements sur le système adopté au P.-L.-M. et que les autres réseaux français ont imité. La division des trains de marchandises en trains omnibus, semi-directs et directs, répond à tous les besoins pour le transport des wagons complets. Elle amène naturellement le dépassement d'un train de marchandises garé en un point quelconque de la ligne par un train de voyageurs ou un autre train de marchandises, et à ce sujet, M. Picard s'est élevé avec raison, contre une expression du rapport qualifiant de *dangereux* les garages effectués dans les petites stations. L'importance de la station n'a rien à voir dans une question de garage, et comme l'a fait judicieusement observer M. Lefèvre, sous-chef du mouvement de la Compagnie de l'Ouest, tous les jours on effectue dans la moindre gare des manœuvres pour prendre ou laisser des wagons, autrement délicates que celles d'un simple garage de train.

En ce qui concerne le transport des charges incomplètes, on l'accélère par l'emploi de wagons complets de groupage et collecteurs-distributeurs pouvant entrer successivement dans la composition de trains omnibus et directs. Sur certaines lignes allemandes, on facilite la formation de wagons complets en obtenant des expéditeurs de ne remettre leurs envois que tous les deux jours. On a insisté sur l'utilité qu'il y a à abaisser la limite minimum de chargement des wagons complets dans le sens de la circulation des vides; le chiffre de 1 500 kilog. paraît être généralement adopté.

Question XVII.

Lignes à faible trafic. — *a.* — Quelles sont les simplifications que comporte l'exploitation économique des lignes à faible trafic?

b. — Serait-il possible d'affermer le service des petites stations et, dans l'affirmative, quelles précautions faudrait-il prendre pour garantir la sûreté du service?

Cette question a été examinée en commun avec la 5ᵉ section sous la présidence de M. Heurteau, directeur de la Compagnie d'Orléans. On a conclu que l'exploitation des lignes à faible trafic comporte les mêmes simplifications que celle des lignes secondaires, sans qu'il soit nécessaire pour cela de procéder d'abord à un déclassement administratif de ces lignes comme le proposaient quelques délégués. Ces simplifications consistent dans la suppression, plus ou moins étendue, des clôtures, du gardiennage des passages à niveau, des signaux, de la voiture dite de choc dans les trains de voyageurs, ainsi que dans la réduction du nombre de classes et la simplification des écritures. Dans ce dernier ordre d'idées, on a recommandé le rattachement de la comptabilité des petites gares à celle de la grande gare voisine, ce qui permet non seulement de réduire le personnel, mais de faire tenir les petites stations par des femmes. On a examiné avec intérêt les systèmes de billets et de cartes de transport pour les voyageurs et les marchandises adoptés par les *Tramways à vapeur piémontais*.

Enfin la question de l'affermage d'un groupe de lignes secondaires, formant un réseau distinct, est en voie de réalisation aux Compagnies de l'Ouest et du Nord. Pour ce qui touche l'affermage des petites stations, l'expérience n'est pas encore concluante ; on recommande toutefois, dans ce cas, de prendre des mesures spéciales dans un but de sécurité pour empêcher l'entrepreneur d'engager les voies principales par des manœuvres dans l'intervalle du passage des trains.

Question XVIII.

Manœuvres de gare. — Quels sont les meilleurs moyens d'effectuer les manœuvres de gare au point de vue de l'économie et de la sécurité ?

L'avis unanime a été en faveur des voies de triage par la gravité, qui évitent l'emploi des machines de manœuvre et permettent d'atteindre une rapidité beaucoup plus grande et de réaliser une notable économie de personnel. La meilleure pente à adopter est fixée à 8 ou 10 *mm* par mètre, le meilleur mode d'enrayage est le *sabot-frein*, enfin il est indispensable d'avoir des wagons roulant bien et pour cela il faut proscrire les véhicules lubrifiés à la graisse qui sont très gênants en hiver.

On préconise aussi l'usage des divers appareils de manutention : installations hydrauliques, chariots à vapeur, machines de manœuvre (les petites machines à treuil du type Nord ont été spécialement recommandées), ainsi que celui des gares hydrauliques à deux étages qui permettent de développer les moyens d'action d'une gare sans exiger son agrandissement.

Au sujet des manœuvres par la gravité et aussi à celui de l'éclairage des gares, traité dans la question XIX, les membres du Congrès ont été invités à visiter un soir le faisceau de triage installé à la gare de *Milan-Porte-Simplon* et sur lequel on exécute des manœuvres de nuit en s'éclairant au moyen de puissants réflecteurs électriques (1).

(1) Les voies de triage de la gare de *Milan-Porte-Simplon* sont disposées dans un triangle dont les côtés ont respectivement 376, 365 et 180 mètres de longueur.

Au sommet formé par les deux côtés plus longs du triangle, à la hauteur de 9.50*m*, sont placés 3 foyers de 990 carcels chacun, armés d'appareils de projection, qui envoient pendant toute la nuit leur lumière le long des voies de triage. — Ces foyers sont installés dans la cabine du poste Saxby qui commande les voies du faisceau.

Le reste de la gare est éclairé par deux phares de 990 carcels placés à la hauteur de 12.50 *m*. et un de 528 placé à 9 mètres.

La surface éclairée est de plus de 1 419 hectares.

Les trois foyers armés d'appareils de projection ne fonctionnent simultanément que

Question XIX.

Éclairage des gares. — Quels sont les résultats des dernières expériences tentées pour l'éclairage des gares : gaz et électricité ?

Les 2ᵉ et 3ᵉ sections se sont réunies pour traiter cette question. Suivant les circonstances techniques ou économiques, on peut être amené à adopter le pétrole, ou le gaz, ou le *lucigène*, ou l'électricité. Pour les grandes gares, l'électricité paraît devoir être préférée quand on dispose pour la produire d'un excès de force motrice, ou bien quand des Compagnies puissantes la livrent, comme en Amérique, dans des conditions de prix avantageuses. On a donné de bons résultats sur l'emploi du lucigène (éclairage aux résidus d'huiles lourdes pulvérisés) essayé par le P.-L.-M. pour l'éclairage des espaces découverts. La question reste ouverte pour le prochain Congrès.

Enfin, on a reconnu la nécessité de déterminer une unité *d'éclairement*, et l'on a proposé le *carcel-mètre* (éclairement obtenu à l'aide d'une carcel à 1 *m* de distance) ; c'est une question à examiner par le Congrès des électriciens.

QUATRIÈME SECTION. — QUESTIONS D'ORDRE GÉNÉRAL.

Président : M. le commandeur Peruzzi, député au Parlement italien.

Secrétaire principal : M. le chevalier Valenziani, chef de la délégation, à Rome, de la Société des chemins de fer de la Méditerranée.

À cette section avaient été réservées les hautes questions qui touchent à l'économie politique, aux rapports des administrations avec leur personnel et avec les gouvernements.

Les questions traitées (du nᵒ 20 au nᵒ 25) étaient, en effet, intitulées :

Personnel. Rémunération des employés, Institutions de prévoyance, Impôts et Taxes. Relations internationales et *Renseignements techniques*.

C'est dire que les membres les plus éminents du Congrès, — en dehors des compétences purement techniques, — s'étaient donné rendez-vous à la 4ᵉ section. « C'est là qu'était concentré, — dit

pendant les brouillards très épais auxquels la gare de triage est très fréquemment exposée, tandis que dans les conditions normales de l'atmosphère, on obtient un éclairage suffisant avec deux foyers seulement.

Deux machines à vapeur de 35 chevaux, dont une de réserve, actionnent 6 dynamos Siemens à courant continu, excitées en tension.

La dépense d'exploitation pour l'éclairage électrique de la gare de triage s'élève à 57 000 francs par an environ, et le coût de la carcel-heure, à 0,00152 *fr.*

M. Georges de Laveleye (1), — un intérêt tout spécial, dû à la présence des maîtres de la parole. Après MM. Léon Say, Luzzati, Griolet, Peruzzi, Picard, Devès, véritables maîtres écoutés et admirés de tous, d'autres personnalités, MM. Courras, Mayer, Crotti, ont apporté la lumière de leur expérience féconde ; d'autres encore, dont le nom importe moins, ont présenté leurs renseignements, leurs observations ou leurs solutions. Le tout a produit un débat nourri sur des questions qui, à chaque instant, confinaient à l'économie politique et sociale. »

Trois questions, parmi celles énumérées plus haut, ont donné lieu à un débat approfondi : celles des impôts et taxes, du personnel et des institutions de prévoyance.

Pour les impôts qui, en France, atteignent le chiffre effrayant de 23 p. 0/0 sur les transports à grande vitesse, l'un des représentants du gouvernement français, M. Picard (du Conseil d'État), a déclaré que l'État poursuivait activement la réalisation de leur suppression partielle ou totale. Puis la discussion s'est engagée sur la question d'impôt des chemins de fer secondaires. M. Léon Say proclamait le principe de l'égalité de toutes les entreprises devant l'impôt, mais les petits chemins de fer ont trouvé d'énergiques défenseurs, en tête desquels il convient de citer notre collègue M. Émile Level. Bref, la 4e et la 5e sections réunies ont décidé qu'il y avait lieu de réclamer des gouvernements le dégrèvement des transports *à petite distance* que ces transports soient effectués par de petites Compagnies ou par les grandes administrations.

En ce qui touche le recrutement du personnel, la section s'est montrée favorable à l'emploi des femmes, à la création d'écoles d'apprentis, à l'admission dans les cadres, d'employés et d'ouvriers jeunes, même si le service militaire vient les enlever temporairement à leur profession, et enfin à une certaine préférence à accorder aux femmes et enfants des employés, afin de constituer des familles attachées aux chemins de fer et formant ainsi un personnel sur le dévouement duquel on puisse compter.

On a traité longuement la question des *économats*, c'est-à-dire des magasins d'approvisionnement créés par les Compagnies en faveur de leurs employés et, tout en reconnaissant le bien qu'ils produisent, on a paru pencher plutôt du côté du système des *Sociétés coopératives*

(1) *Moniteur des Intérêts matériels* du 2 octobre 1887.

d'alimentation qui sont des économats gérés par le personnel consommateur lui-même et dont les bénéfices sont répartis entre les associés ou appliqués au paiement de primes d'assurances sur la vie. Une institution de ce genre fonctionne à Turin (1).

Cinquième Section.

Questions spéciales aux Chemins de fer secondaires.

Président : M. *Heurteau,* directeur du chemin de fer d'Orléans.

Secrétaire principal : M. *de Burlet,* directeur général de la Société belge des chemins de fer vicinaux.

Avec la 5ᵉ section, nous retrouvons les questions techniques, et à l'empressement avec lequel les discussions en ont été suivies, principalement par les délégués des grandes Compagnies, on a pu constater l'intérêt d'actualité qui s'attache à tout ce qui a rapport à cette importante question des chemins de fer secondaires.

Question XXVI.

Dispositions générales des chemins de fer secondaires. — Quelles sont les dispositions générales de voies, de gares, de bâtiments, de signaux, de matériel roulant, etc…, les plus favorables pour l'exploitation des chemins de fer secondaires, d'après les différents écartements ?

C'est M. Cossmann, ingénieur de la Compagnie du Nord, qui avait été chargé du rapport, et c'est au travail très complet de notre collègue qu'il faut se reporter pour avoir à ce sujet tous les détails désirables. Je me bornerai à dire que le Congrès a renouvelé le vœu exprimé à Bruxelles et recommandant l'emploi de la voie étroite (2); qu'il a reconnu qu'on pouvait, sans inconvénient, supprimer les signaux avancés des petites stations, remplacer les signaux de gare à gare, pour l'exploitation en voie unique, par le bâton-pilote, supprimer le gardiennage des passages à niveau, remplacer le télé-

---

(1) Les renseignements fournis à l'égard des *institutions de prévoyance* ayant, du reste, paru insuffisants, la section a décidé d'en réserver l'étude approfondie au prochain Congrès, et, dans ce but, elle a fait approuver la proposition suivante formulée par *MM. Léon Say* et *Luzzati :*

« Le Congrès invite la Commission internationale à dresser un questionnaire pour une enquête très détaillée concernant les institutions de prévoyance. L'enquête sera faite uniquement au point de vue spécial des chemins de fer.

» On aura égard aux quatre cas : maladies — accidents du travail — retraite à cause de vieillesse — survivance de la famille. On étudiera dans leurs détails les trois systèmes de patronage : action directe — action mixte — initiative libre. »

(2) Cette question a déjà été traitée par la Société dans tous ses détails. Voir le mémoire de M. *Aug. Moreau* sur les *Avantages de la voie étroite* (Bulletin de décembre 1884).

graphe par le téléphone d'un maniement plus rapide et plus facile.

Pour le matériel roulant, les voitures à intercommunication permettant le contrôle des recettes par un seul agent sont généralement adoptées. Les longues voitures à bogies divisées en plusieurs classes sont recommandées comme amenant une diminution de poids mort par l'emploi d'un moindre nombre de véhicules et quelquefois d'un seul par train. La tendance générale est d'admettre seulement deux classes sur les lignes secondaires, et d'obtenir la suppression de la voiture de choc là où elle est encore obligatoire.

Pour le matériel à marchandises, les avis sont encore partagés sur l'adoption du meilleur type. La question reste à l'étude.

Enfin, on a cité, comme d'un emploi avantageux, les aiguillages volants, permettant d'amener au chemin de fer des produits qui, comme ceux des exploitations forestières, n'ont pas de point fixe d'expédition.

Question **XXVII**.

Traction des chemins de fer secondaires. —Quel est le meilleur emploi, dans les chemins de fer secondaires, des principaux moteurs et modes de traction spéciaux (moteurs électriques, à air comprimé, à eau chaude, à soude, à gaz ; systèmes de traction à crémaillère, à câble continu, etc.)?

(Question réservée pour le prochain Congrès.)

Question **XXVIII**.

Freins des chemins de fer secondaires. — Quels sont les freins qu'il y aurait lieu d'adopter pour assurer la circulation des trains empruntant les routes, afin de garantir la sécurité tout en augmentant la vitesse ?

Le Congrès ne s'est pas prononcé en faveur d'un système de freins, il y en a beaucoup aptes à remplir les conditions du programme. Il a été d'avis, toutefois, qu'il n'y avait aucune utilité à employer les freins continus sur les chemins de fer secondaires, les freins ordinaires manœuvrés à main étant suffisants, même si l'on adopte une vitesse supérieure à celle admise aujourd'hui. —Rapporteur de cette question, M. Vérole, ingénieur des chemins de fer de la Méditerranée (Italie).

Question **XXIX**.

Transbordement. — Quels sont les moyens les plus pratiques pour faciliter les échanges de voyageurs et de marchandises entre les chemins de fer à écartement étroit et les chemins de fer à grand trafic, au double point de vue : — *a.* des relations (échange de voyageurs, transbordement des marchandises) ; — *b.* du règlement de ces relations ?

Grave question qui a déjà été agitée devant la Société. Pour les voyageurs, pas de difficultés ; pour les marchandises, on a fait beaucoup de progrès, et M. Cossmann a pu donner d'intéressants détails sur les divers systèmes employés. On a particulièrement insisté sur les procédés de transbordement à niveau différent, en fosse ou en estacade, qui donnent de bons résultats, et sur l'avantage des voies à quatre files de rails et des chariots dans les gares de transbordement. La question reste ouverte pour le prochain Congrès.

Question XXX.

Affluents de transport. — *a.* Les chemins de fer secondaires étant considérés comme affluents de transport, comment doivent être classées les stations de jonction pour les chemins de fer à écartement différent ?

— *b.* Quand faut-il un service de communauté ou des services séparés ?

— *c.* Dans le cas des services séparés, n'y a-t-il pas lieu de les assimiler aux raccordements industriels ?

Aucune règle générale ne saurait être formulée, les combinaisons adoptées au point de contact des lignes à écartement différent dépendant des conditions spéciales où l'on se trouve. Notre collègue, M. Cossmann, a encore fait l'exposé verbal de cette question ; et le Congrès, sans formuler aucun avis déterminé, a recommandé un traitement bienveillant pour les petites Sociétés, de la part des grandes Compagnies, en exprimant le vœu qu'on diminue les charges de la petite ligne en raison de l'appoint de trafic qu'elle fournit à la grande.

Question XXXI.

Normes du matériel roulant des Chemins de fer secondaires. — N'y a-t-il pas lieu de provoquer une entente pour l'adoption de normes, spécialement en ce qui concerne les appareils de choc et d'attelage, afin de faciliter l'échange du matériel roulant ?

La réponse a été absolument négative pour ce qui concerne les chemins à voie étroite qui n'ont que peu ou point de raccordements entre eux et qui, en principe, sont nécessairement des lignes à transbordement aux points de jonction.

Question XXXII.

Contrôle des voyageurs des Chemins de fer secondaires. — Quels sont les moyens les plus efficaces pour assurer le contrôle des voyageurs, et, notamment, quel est le meilleur système de coupons à employer à cet effet?

L'opinion du Congrès est qu'il convient de faire la perception des recettes en route, comme dans les tramways des villes et dans les trains-tramways de nos grandes lignes. Plusieurs systèmes ont été proposés pour faciliter la besogne du conducteur, tout en assurant le contrôle et en empêchant la fraude; ils ont tous des avantages et des inconvénients. Celui en usage sur le réseau piémontais, et dont il est parlé à la 17e question, a semblé particulièrement ingénieux.

Voilà, Messieurs, le résumé aussi succinct et aussi fidèle que possible des délibérations du Congrès international des chemins de fer.

La clôture du Congrès a été prononcée dans la séance du 24 septembre après le discours du Président, M. le sénateur Brioschi, et les remerciements exprimés au nom des membres par M. Fassiaux, président de la Commission internationale.

La veille, on avait voté, par acclamation, sur la proposition du Président, de fixer la réunion du prochain Congrès à Paris en 1889. Puis, suivant l'avis de M. Heurteau, on a réélu en bloc les membres de la Commission internationale.

En résumé, on a beaucoup travaillé à Milan et l'on se propose de travailler beaucoup encore à la préparation des questions, en nombre très limité, afin d'être mieux approfondies, qu'on traitera à Paris dans deux ans.

Ce sera alors notre tour de recevoir les hôtes qui nous ont si brillamment accueillis cette année et, pour cela, nous devrons nous efforcer de faire aussi bien qu'eux, car il serait assurément impossible de songer à faire mieux.

En terminant, permettez-moi de vous faire remarquer, Messieurs, combien j'ai dû appliquer souvent, au cours de ce compte rendu, l'épithète de « *collègue* » à ceux des membres du Congrès dont j'ai cité les travaux. C'est qu'en effet, parmi les 372 délégués du Congrès de Milan, la Société des Ingénieurs civils de France comptait 42 de ses membres, dont 19 représentaient des Compagnies françaises (1).

Paris, 4 novembre 1887.

(1) Membres de la *Société des Ingénieurs civils* délégués au Congrès international des Chemins de fer à Milan :

France. — MM. Bandérali *(Nord)*, Bordet *(Ouest-Algérien)*, Bouissou *(Ouest)*, Cerbelaud *(Ceinture)*, Cossmann *(Nord)*, Courras *(Orléans)*, Delebecque *(Nord)*, Gonin *(Bône-Guelma)*, Guary *(Compagnie d'Anzin)*, A. Jacqmin *(Est)*, Kowalski *(Bône-Guelma)*, E. Level *(Chemins économiques)*, Mallet *(Bayonne-Biarritz)*, Mathias Félix *(Nord)*, Mathias Ferd. *(Nord)*, Mayer *(Ouest)*, Morandière *(Ouest)*, Parent *(Etat)*, Polonceau *(Orléans)*.

Belgique. — Belpaire *(Etat)*, Bernard *(Nord-Belge)*, Clermont *(Liége-Maëstricht)*, Despret Victor *(Grand Central)*, Geoffroy *(Nord-Belge)*, Lechat *(Wagons-lits)*, Nagelmackers *(Wagons-lits)*, Prisse *(Anvers-Gand)*, Urban *(Chemins économiques)*.

Italie. — Despret Ed. *(Tessin)*, Kossuth *(Méditerranée)*, Mantegazza *(Méditerranée)*, Moyaux *(Tessin)*, Pesaro *(Suzzara-Ferrara)*, Steens *(Chemins de fer économiques et Tramways)*, Stocklet *(Tessin)*, Valère Mabille *(Poggibonsi au val d'Elsa)*.

Espagne. — Biarez *(Nord)*, Grébus *(Madrid-Saragosse)*, Lévi-Alvarès *(Madrid-Saragosse)*.

Brésil. — Pinheiro *(Sud et Rio Grande)*.

Hollande. — Kalff *(Etat néerlandais)*.

Russie. — Rycerski *(Varsovie-Bromberg)*.

ANNEXE I

DISPOSITIONS STATUTAIRES ET RÉGLEMENTAIRES

ADOPTÉES PAR LE CONGRÈS DE MILAN — 1887 [1]

But et définition.

ARTICLE PREMIER. — Le *Congrès international des chemins de fer* est une Association permanente ayant pour but de favoriser les progrès des chemins de fer.

ART. 2. — L'Association se compose d'administrations de chemins d'Etat et d'administrations concessionnaires ou exploitantes de chemins de fer d'intérêt public qui ont fait acte d'adhésion.

Les gouvernements adhérant à l'Association, se feront représenter par des délégués.

ART. 3. — L'Association est représentée par une Commission internationale qui est élue par le Congrès. Cette Commission a son siège à Bruxelles.

Les fonctions de ses membres sont honorifiques.

Commission internationale.

ART. 4. — La Commission est chargée d'organiser les congrès, de désigner les questions à examiner, d'en préparer l'étude, de faire rédiger et de publier les comptes rendus des débats, de dresser le budget, de fixer les cotisations en conformité de l'article 17, de surveiller la gestion des finances et, généralement, de faire procéder à tous les travaux, études et publications qu'elle jugera utiles dans l'intérêt de l'œuvre poursuivie par l'Association.

ART. 5. — La Commission internationale se compose de 29 membres, savoir :

> 1 président ;
> 2 vice-présidents ;
> 1 secrétaire général ;
> 25 autres membres.

Les membres sont, autant que possible, choisis dans les différentes

(1) Ce règlement a été présenté par la Commission en vertu de l'article premier du questionnaire de la deuxième session du Congrès, rédigé comme il suit : « Examen du projet de règlement des sessions du Congrès des chemins de fer et du projet de statuts de la Commission internationale.

nationalités des adhérents. En aucun cas. il ne peut y avoir plus de neuf membres appartenant à la même nationalité.

Lorsque le lieu de réunion d'une session du Congrès a été déterminé, la Commission internationale peut s'adjoindre, à titre temporaire, des membres choisis dans le pays où la prochaine assemblée sera tenue.

La Commission nomme ses secrétaires et son trésorier. Ils n'ont, en cette qualité, que voix consultative.

ART. 6. — La Commission internationale élit, dans son sein, les membres de son bureau dans la première séance qui suit une session du Congrès.

La Commission se réunit sur la convocation du président, aussi souvent que l'intérêt de l'Association l'exige et au moins une fois par an.

Elle doit être convoquée lorsque cinq de ses membres le demandent. Les séances de la Commission sont présidées par le président. En cas d'empêchement, le président est remplacé par un des vice-présidents.

Les résolutions de la Commission sont prises à la majorité des voix des membres présents. En cas de partage, la voix du membre qui préside est prépondérante.

Les délibérations de la Commission sont constatées par des procès-verbaux. Elles ne sont valables que si neuf membres au moins y prennent part.

Si, dans une première réunion, ce nombre n'est pas atteint, il pourra être délibéré à la réunion suivante, convoquée à quinze jours d'intervalle, quel que soit le nombre de membres présents.

ART. 7. — La Commission internationale est renouvelée par tiers à chaque session du Congrès.

Elle fixera, dans sa première séance après ce renouvellement, l'ordre de sortie de ses membres lors des élections suivantes.

Les membres sortants sont rééligibles.

La Commission a, en tout temps, la faculté de se compléter par la désignation provisoire de membres choisis parmi les délégués des adhérents. Dans ce cas, il est procédé à l'élection définitive lors de la plus prochaine session.

Comité de direction.

ART. 8. — Dans la première séance qui suit une session, la Commission délègue sept de ses membres, qui forment un Comité de direction.

Le Comité de direction est composé du président, du secrétaire général et de cinq membres.

Les secrétaires et le trésorier de la Commission y sont adjoints, avec voix consultative.

Le mandat des membres du Comité de direction a une durée égale à l'intervalle de deux sessions du Congrès. Il peut être renouvelé.

Le Comité se réunit au moins tous les trois mois. Il peut être convoqué extraordinairement sur l'initiative du président ou à la demande de trois membres.

Art. 9. — Le Comité est chargé spécialement de l'expédition des affaires courantes, de la gestion des finances, ainsi que de la surveillance et de la direction de tous les travaux, études et publications, de la rédaction du *Bulletin*, de la conservation de la bibliothèque et des archives. Il fait imprimer entièrement ou partiellement les mémoires et documents destinés au Congrès, qu'il lui paraît nécessaire de distribuer pour éclairer les discussions. Il se tient à la disposition des adhérents pour leur fournir les renseignements spéciaux qui lui seraient demandés.

Le Comité nomme et révoque le personnel.

L'exécution des décisions du Comité est confiée à son bureau.

Sessions du Congrès.

Art. 10. — Le Congrès se réunit tous les deux ans. Dans chaque session, il désigne le lieu et la date de la session suivante.

En cas d'empêchement imprévu, la Commission internationale pourra modifier ces dispositions.

Art. 11. — Ont le droit de prendre part aux sessions du Congrès :

1° Les membres de la Commission internationale ;

2° Les délégués désignés par les adhérents ;

3° Les secrétaires et le trésorier, ainsi que les secrétaires de sections nommés par la Commission ou par son Comité et chargés de l'exposé des questions du programme.

Les gouvernements fixent eux-mêmes le nombre de leurs délégués.

Les administrations de chemins de fer peuvent nommer des délégués au nombre de 8 au plus, suivant l'étendue de leur réseau, à savoir:

2 délégués pour les exploitations ne dépassant pas 100 kilomètres.

4 — — — 500 —

et 1 délégué en plus pour chaque groupe de 500 kilomètres ou par fraction en plus.

Art. 12. — A l'ouverture de chaque session, le bureau de la Commission internationale remplit les fonctions de bureau provisoire et le Congrès procède immédiatement à l'élection de son bureau, composé :

1° D'un ou de plusieurs présidents d'honneur ;

2° D'un président ;

3° De vice-présidents ;

4° Des présidents de section, en conformité de l'article 14.

5° D'un secrétaire général ;

6° De secrétaires.

Le premier délégué de chaque gouvernement sera de droit vice-président.

Tous les membres du bureau sont nommés pour une session.

L'élection a lieu dans les conditions indiquées à l'article 16, alinéa 6.

Les fonctions des membres du bureau sont celles déterminées par les règles en usage dans les assemblées délibérantes pour la direction des débats.

ART. 13. — A l'ouverture de chaque session et après la formation du bureau, le Congrès se divise en sections (voies et travaux, traction et matériel, exploitation, questions d'ordre général, etc.).

Un membre peut s'inscrire à la fois dans plusieurs sections.

Le Congrès peut aussi constituer des commissions spéciales.

ART. 14. — Chaque section nomme son président, son secrétaire principal et ses secrétaires. Les présidents de section sont, de droit, membres du bureau de la session.

Les sections et les commissions se dissolvent à la fin de chaque session.

ART. 15. — Les discussions du Congrès portent sur les questions inscrites au programme de la session.

Ce programme est arrêté par la Commission internationale; il y est tenu compte des indications résultant des délibérations du précédent Congrès et de ses sections.

La Commission reçoit les propositions des adhérents; un rapporteur désigné par la Commission rédige un exposé sommaire et sans conclusions des éléments de chaque question, ainsi que l'analyse des documents qui lui ont été transmis.

ART. 16. — Les discussions ont lieu en français ou dans la langue du pays où se tient le Congrès. Des interprètes traduiront en français les discours prononcés dans une autre langue.

Les procès-verbaux et les comptes rendus sont rédigés en français, mais les orateurs ont le droit d'exiger la reproduction de leurs déclarations originales en regard de la traduction.

Les discussions ont lieu d'abord en sections.

Les bureaux des sections rédigeront un résumé des débats formulant les diverses opinions émises dans la section. Après approbation par la section, ces résumés seront présentés à l'assemblée plénière et insérés dans le procès-verbal, en y ajoutant, s'il y a lieu, la mention des opinions nouvelles émises au sein de l'assemblée plénière.

Le Congrès n'émet de votes qu'en ce qui concerne les questions relatives au règlement ou se rattachant à l'organisation de l'institution.

Les votes sur ces questions spéciales ont lieu à la majorité des voix des membres assistant au Congrès. Il est procédé au vote par assis et levé ; s'il existe un doute sur le résultat du vote, il est passé au scrutin. Le vote par appel nominal n'a lieu que s'il en est fait la demande par douze assistants.

Cotisations, Revision des Statuts, etc.

Art. 17. — Les frais des sessions, de la Commission internationale et du Comité sont à la charge d'une caisse alimentée :

1º Par les cotisations annuelles des adhérents ;

2º Par des subventions et autres libéralités.

Les cotisations annuelles des adhérents se composent :

1º Pour les Gouvernements, d'une allocation fixée par eux-mêmes;

2º Pour les administrations de chemins de fer, d'une part fixe de 100 francs, plus une part variable proportionnelle à l'étendue de leur réseau. Cette cotisation variable, destinée à couvrir le budget de l'Association, ne pourra pas dépasser 25 centimes par kilomètre.

L'année sociale commence le 15 avril.

Art. 18. — Les cotisations donnent le droit aux adhérents de recevoir gratuitement les comptes rendus des sessions à un nombre d'exemplaires indiqué par le nombre de leurs délégués augmenté d'une unité.

Les autres publications seront envoyées aux administrations adhérentes en raison de leur importance calculée d'après les bases de l'article 11, et des abonnements à prix réduits pourront être accordés.

Art. 19. — La Commission internationale présente, à chaque session du Congrès, un rapport sur l'administration des finances. Le Congrès nomme deux commissaires chargés de la vérification des comptes.

Art. 20. — Toute proposition de revision des statuts doit être présentée à la Commission internationale, avec motifs à l'appui, trois mois au moins avant l'ouverture de la session, de façon à pouvoir être portée par la Commission à la connaissance des adhérents un mois au moins avant cette ouverture. La proposition, avant sa prise en considération par le Congrès, doit être appuyée par la Commission ou par vingt-cinq membres.

Art. 21. — Les adhérents s'efforcent de faciliter les réunions du Congrès et la mission de la Commission internationale.

Disposition transitoire.

Pour la première fois, toute la Commission internationale sera élue à la session du Congrès de 1887.

ANNEXE II

COMMISSION INTERNATIONALE

La Commission internationale élue par le Congrès (art. 3 des statuts)
est composée de la façon suivante :

Président :

M. *Fassiaux*, secrétaire général du département des chemins de fer,
postes et télégraphes de Belgique.

Vice-Présidents :

MM. *Belpaire*, administrateur des chemins de fer de l'Etat belge ;
Brame, inspecteur général des ponts et chaussées de France, président
du Comité d'exploitation technique des chemins de fer.

Membres :

MM. *F. Almgren* (Suède), *B. Ambrozovics* (Hongrie), *Berger* (Belgique),
Borgnini (Italie), *Brioschi* (Italie), *De Bruyn* (Belgique), *De Perl* (Russie),
Dietler (Suisse), *Dubois* (Belgique), *Tony Dutreux* (Luxembourg), *Sir A.
Fairbairn* (Angleterre), *Griolet* (France), *R. Jeitteles* (Autriche), *Lamal*
(Belgique), *Massa* (Italie), *Peruzzi* (Italie), *Philippe* (Belgique), *Pinheiro*
(Brésil), *Bon Prisse* (Belgique), *Ratti* (Italie), *Thielen* (Allemagne), *Urban*
(Belgique), *Van Kerkwijk* (Pays-Bas), *Von Leber* (Autriche), *Werchowsky*
(Russie).

Secrétaire général :

M. *Aug. de Laveleye*, ingénieur.

PARIS. — IMPRIMERIE CHAIX, 20, RUE BERGÈRE. — 26696-7.